AF340942

OBSERVATIONS CRITIQUES

Sur un Mémoire de M. Alcide d'Orbigny, intitulé :
*Considérations sur la station normale comparative
des animaux mollusques bivalves,*

PAR G.-P. DESHAYES.

(Extrait du Bulletin de la Société géologique de France.)

Une note a été publiée au mois d'avril dernier, dans les *Annales des sciences naturelles*, ainsi que dans le *Bulletin de la Société géologique de France*, sous le titre de : *Quelques considérations sur la station normale comparative des animaux mollusques bivalves.* Si l'auteur de cette note ne m'avait fait l'honneur de me citer, je ne l'aurais point réfuté. Dans un Mémoire spécial, j'aurais présenté des idées différentes; et si je viens actuellement discuter les opinions de l'auteur, c'est que j'ai à défendre des principes que j'ai depuis longtemps adoptés : ces principes régissent la science depuis longtemps, et je les crois trop importants pour que je les abandonne. L'auteur confond évidemment deux sortes d'idées que l'on s'est efforcé constamment de séparer, je ne dirai pas depuis quelques années, car c'est depuis plusieurs siècles que ces efforts ont commencé. Je vais être obligé de reprendre l'examen des principes élémentaires de l'anatomie et de la zoologie , et je me trouve ainsi dans la nécessité de donner plus d'extension que je ne l'aurais voulu à la critique d'une note de quelques pages.

Il semble , d'après les premières lignes de M. d'Orbigny, que ce naturaliste va présenter un examen critique de la manière dont les auteurs ont déterminé la position des coquilles bivalves pour en donner la description ; mais on voit bientôt que M. d'Orbigny a mal interprété les auteurs qu'il cite, puisqu'il prétend que Linné, Brugnière , Lamarck et Bosc ont eu la même manière de placer la coquille. Pour prouver ce que j'avance et démontrer l'erreur de M. d'Orbigny, il me suffira de renvoyer à la description si poétique que Linné fait du *Venus Dione* (pag. 1129 de la 12e édit. du *Systema naturæ*). Il résulte de cette description que Linné plaçait, en effet, les crochets de la coquille bivalve en bas, le corselet en avant, et la lunule en arrière. Lamarck fait justement le contraire, c'est-à-dire que , tout en laissant la coquille sur les crochets, il tourne la lunule en avant, et le corselet en arrière , de sorte que, en rétablissant la coquille dans sa position normale, anatomiquement parlant, les valves de la coquille placée par Linné restent à droite et à gauche de l'animal ; tandis qu'en prenant la coquille placée d'après la méthode de Lamarck, pour la rétablir dans sa position normale , la valve gauche pour Lamarck devient la valve droite pour M. de Blainville, et réciproquement. Tant que l'ou ne connut pas les animaux qui construisent les coquilles bivalves , et durant l'oubli où tombèrent les beaux Mémoires de Réaumur, publiés , de 1710 à 1717, parmi les Mémoires de l'Académie des sciences , il était permis d'ignorer de quelle manière on devait placer la coquille pour la décrire , et il est à présumer que Linné et les autres zoologistes auraient adopté de bonne heure une méthode invariable et conforme à celle qui régit le reste de la science s'ils avaient su le rapport des parties de l'animal avec celles de sa coquille.

Nous rappellerons d'abord ici les principes d'après lesquels se font les descriptions anatomiques et zoologiques des animaux. Ces principes consistent à saisir l'homme et les animaux en dehors de leurs habitudes, et de les supposer placés entre les plans d'un cube ou d'un parallélipipède . de manière à pouvoir rapporter à ces divers plans les parties semblables des animaux qu'il s'agit de décrire ou de comparer. Ainsi, on prend un animal quelconque, et l'observateur le met devant lui sur un plan horizontal, le ventre en dessous et le dos en dessus, la tête en avant et la partie opposée du corps en arrière. Le plan qui passe sous le ventre est nommé *ventral*, celui qui passe au-dessus du dos est le *dorsal;* les plans qui correspondent aux flancs de l'animal sont nommés *plan de droite* et *plan de gauche;* enfin, le plan qui passe devant la tête est l'*antérieur*, celui qui est à l'extrémité opposée est le *postérieur*. Par cette méthode artificielle et de convention, tous les animaux sont ramenés à une position unique; et c'est par le moyen de cette méthode bien simple que l'on est parvenu à jeter les bases d'une anatomie comparée qui peut être comprise de tout le monde. Cette règle, Linné et tous les autres zoologistes l'ont mise en pratique dans leurs ouvrages, et les coquilles seules se sont longtemps soustraites à cette méthode, parce que, comme je le répète, on ne connaissait pas les rapports des parties de l'animal avec les divers accidents intérieurs ou extérieurs de la coquille. Cette absence des principes généraux de la zoologie dans la conchyliologie ne tient pas, comme le suppose M. d'Orbigny, à ce que la science manquait d'observations nombreuses sur la manière de vivre des mollusques bivalves, mais uniquement à l'imperfection des connaissances anatomiques.

« Si l'on suivait, dit M. d'Orbigny, dans la position des êtres
» une marche purement systématique, sans tenir compte de l'état
» normal, on arriverait aux conséquences les plus disparates. Fau-
» drait-il donc, en effet, parce que, dans la station habituelle,
» l'homme a la colonne vertébrale suivant une ligne verticale, et
» qu'il porte la tête à l'extrémité supérieure de cette ligne, fau-
» drait-il, dis-je, placer les autres mammifères quadrupèdes
» dans une position analogue? » M. d'Orbigny répond négativement à la question qu'il se pose, tandis que Cuvier y a répondu affirmativement; et, en cela, notre grand zoologiste n'a fait que se conformer aux principes professés par tous ses devanciers, et depuis surtout qu'aidé des travaux de Daubenton, il a jeté les bases de l'anatomie comparée. M. d'Orbigny regrettera sans doute de se trouver en désaccord, non seulement avec Cuvier, mais de se trouver absolument seul à professer les idées qu'il a publiées dans la note que j'examine.

Après cet exposé que j'ai rendu le plus concis qu'il m'a été possible, il me reste à répondre à diverses assertions de M. d'Orbigny, ce qui me permettra, en passant, de dire comment M. de Blainville a ramené toute la conchyliologie et toute la malacologie aux principes généraux de la zoologie et de l'anatomie.

M. d'Orbigny paraît vouloir me faire tomber dans une espèce de contradiction qu'il n'a point trouvée, j'en suis certain, dans les divers ouvrages que j'ai publiés. Il dit, en effet, que je place les tubes des mollusques bivalves en bas, et le côté de la bouche en haut; et il ajoute que, pour moi, le côté de la bouche est antérieur et le côté des tubes postérieur. M. d'Orbigny semble croire par là que j'aurais dû. sans doute, nommer supérieur le côté de la bouche, et inférieur celui des siphons; je demanderai à l'auteur de la note que je critique comment il placera une coquille bivalve quand il voudra la représenter sur une planche, dans la position antéro-postérieure. Lorsque M. d'Orbigny feuillette un livre qu'il tient à la main, il croit, sans doute, qu'à son exemple on prend pour le haut de l'animal ce qui est dirigé vers le haut de la planche; mais si je pose la planche sur un plan horizontal, ce que M. d'Orbigny prend pour le haut de l'animal devient, tout bonnement, sa partie antérieure. Partant toujours de cette supposition tout-à-fait gratuite, et confondant sans cesse la station habituelle de l'animal avec la position de convention que lui donnent les zoologistes, M. d'Orbigny m'attribue l'idée de considérer le mollusque dans une position renversée, comme si, dit-il, on mettait un homme les pieds en l'air pour en faire la description. Une pareille assertion, se réfute d'elle-même, puisqu'il est vrai que je pourrais reprocher à mon tour à M. d'Orbigny que, contrairement à toutes les idées reçues, il propose de considérer les mollusques la tête en bas, et les parties postérieures en haut. M. d'Orbigny, d'ailleurs, à quelques paragraphes plus loin, a pris soin de me justifier et de se réfuter lui-même, en disant que la position que j'adopte est déduite des caractères zoologiques des animaux. Si cette position est fondée sur les caractères zoologiques, elle a donc quelque chose de rationnel, ce que lui refuse cependant M. d'Orbigny, dans les premiers paragraphes de sa note.

Je vois avec peine que l'auteur de la note que je critique a mal compris les idées de M. de Blainville. Le savant professeur a eu le très grand mérite, aux yeux de tous les zoologistes éclairés, de trancher définitivement les difficultés relatives à la question qui nous occupe, en plaçant toutes les coquilles sur leurs animaux, dans la position de convention acceptée, sans exception aucune, pour toutes les branches de l'histoire naturelle. M. d'Orbigny dit positivement que ma méthode est entièrement différente de celle de M. de Blainville. D'abord, je l'avoue, je n'ai point, en cette matière, de méthode qui m'appartienne en propre, et j'ajoute que mes opinions sont tout-à-fait conformes à celles de M. de Blainville. Je suppose, d'après ce que dit M. d'Orbigny, qu'il

s'est contenté de consulter les planches du Traité de malacologie
et de mon Traité élémentaire. Si l'auteur eût examiné, en même
temps, le texte de ces ouvrages, ainsi que la troisième planche
dans laquelle M. de Blainville expose ses principes d'une manière graphique, loin de trouver de la dissemblance entre nos
opinions, il aurait constaté facilement leur identité. Ce qui a,
sans doute, frappé M. d'Orbigny, c'est que les figures, placées
suivant le caprice du peintre, dans le Traité de malacologie,
sont presque toutes vues par le côté; tandis que, dans mon Traité
élémentaire, toutes les figures sont disposées de manière que
la coquille soit représentée devant le lecteur, dans son diamètre
antéro-postérieur. M. d'Orbigny a donc tort de prétendre que
la méthode de M. de Blainville se rapproche plus de la nature
que la mienne, puisque je partage, à ce sujet, la manière de
voir du savant professeur dont je viens de parler. M. d'Orbigny
a également tort de supposer que M. de Blainville et moi consi-
dérons comme normale la position, toute de convention, que
nous donnons aux figures de nos ouvrages. Enfin, contrairement
à l'opinion de M. d'Orbigny, je crois que, dans tous les ouvrages
de zoologie, les figures des animaux ou de leurs parties doivent
être placées conformément aux principes universellement reçus,
et l'on comprendra combien cette uniformité rend facile la comparaison des espèces, et montre les modifications nombreuses que
subissent les différentes parties des êtres que l'on veut comparer.

Tout ce qui précède rendra facile à comprendre la méthode de
M. de Blainville. Elle consiste à prendre un animal mollusque
dans sa coquille et à le placer devant soi, sur un plan horizontal,
la tête ou la bouche en avant; en arrière les siphons, lorsqu'ils
existent, ou bien les parties de l'animal où se trouve l'anus; le
ventre en dessous, le dos en dessus; et, dans cette position de
l'animal, la coquille qui le revêt est posée sur les bords libres de
ses valves qui deviennent les bords inférieurs. La lunule qui
correspond à l'ouverture de la bouche est dirigée en avant; le
bord cardinal, où la charnière est articulée et où se trouve le ligament, devient le bord dorsal, ou supérieur, et c'est dans une
grande étendue de ce bord que se trouve le corselet que Linné
dirigeait en avant; enfin, le côté postérieur correspond à l'anus
et aux siphons. Une fois cette méthode adoptée, lorsque l'on veut
comparer, par exemple, des coquilles développées dans des diamètres opposés, on le fait avec la plus grande facilité, ce qui ne
pourrait avoir lieu dans la méthode de M. d'Orbigny. Mais cette
méthode acquiert un avantage immense par la rectitude qu'elle

répand sur toutes les parties de la nomenclature conchyliologique. Les différents diamètres d'une coquille ou d'un animal deviennent faciles à désigner ; on distingue immédiatement la valve droite de la valve gauche ; tous les accidents intérieurs de la coquille se trouvent définitivement fixés et deviennent, à l'instant même, comparables. M. d'Orbigny ne pourra jamais donner à sa méthode ce degré de certitude qui serait nécessaire pour la rendre aussi utile que celle de M. de Blainville, et mettre les zoologistes dans l'embarras de choisir.

M. d'Orbigny a critiqué les méthodes reçues, dans l'intention, louable sans doute, de rendre quelques services à la géologie ; mais je pense qu'il s'est considérablement exagéré l'importance des faits qu'il a allégués à l'appui ; et les personnes qui lisent les travaux récemment publiés et dirigés par le même esprit que ceux de M. de Blainville, savent facilement se garantir des petits inconvénients que signale M. d'Orbigny. De quoi s'agit-il, en effet ? et quel est le but principal de la zoologie ? c'est de faciliter la distinction et la connaissance des espèces. Si une méthode sévère et rigoureuse lui est nécessaire pour atteindre ce but, elle doit l'employer invariablement. Il est facile, à la suite de l'étude des espèces d'un genre ou d'une famille, de dire quelles sont leurs mœurs, et quelle position elles affectent, non plus dans un livre, mais dans la nature. Si l'exemple que M. d'Orbigny se propose de donner était généralement suivi, il en résulterait de grandes difficultés pour comparer les espèces d'un même groupe, et je ne vois pas en quoi la géologie aurait à se féliciter d'un tel changement. Lorsqu'un géologue examine attentivement des couches de sédiment, et qu'il s'aperçoit que le plus grand nombre des coquilles bivalves sont dans une position constante, il peut facilement tenir compte de ce fait, et en cherchant dans les ouvrages des zoologistes quelles sont les mœurs des familles auxquelles elles appartiennent, il pourra aisément juger de la valeur de son observation. Mais quel embarras n'éprouvera-t-il pas lorsque, voulant déterminer les espèces qu'il a recueillies, il ne trouvera aucun accord dans les descriptions, parce qu'il aura plu à quelques personnes de ne point admettre les principes qui régissent invariablement la science ! Tous les efforts des zoologistes doivent tendre à généraliser, dans leur application, les principes qui les dirigent.

Dans la seconde partie de son Mémoire, M. d'Orbigny expose des observations sur la manière de vivre de plusieurs genres de mollusques à coquilles bivalves, et, pour plus de facilité, il partage ces animaux en symétriques et en non symétriques. M. d'Orbigny, j'en suis convaincu, a cru présenter des faits nouveaux ; mais s'il avait consulté les travaux de ses devanciers, il se serait évité la peine d'écrire cette partie ; car il eût trouvé consignés dans les auteurs, à l'exception cependant de quelques erreurs qui lui sont propres, tous les faits qu'il a rapportés. M. d'Orbigny peut consulter les travaux de Réaumur, publiés, dès l'année 1710, dans les Mémoires de l'Académie des sciences : il verra que Réaumur, dans un Mémoire de plus de cinquante pages, expose les mœurs d'un grand nombre de mollusques bivalves, et entre autres des Moules, des Vénus, des Tellines, des Bucardes, des Donaces, et il décrit non seulement la station habituelle de ces animaux, mais encore les manœuvres au moyen desquelles ils se rétablissent dans leur position normale quand ils en ont été dérangés. Dans un second Mémoire, publié l'année d'après, et qui fait suite à celui qui précède, Réaumur continue ses observations sur les Moules et les Peignes, et il décrit les procédés au moyen desquels ces animaux filent leur byssus pour se fixer aux corps étrangers. Un troisième Mémoire, qui parut en 1712, contient les observations de Réaumur sur les Solens et les Pholades ; enfin, en 1717, ce grand observateur, auquel l'entomologie est redevable de si beaux travaux, a donné ses remarques sur le genre *Pinna* et la manière de vivre de ce mollusque ; il est même descendu à quelques détails sur l'art de pêcher cet animal, et il n'a pas manqué de parler de l'utilité que pouvait avoir le byssus comme matière propre à tisser des étoffes. Un peu avant Réaumur, en 1706, **Poupart** a fait voir, dans un Mémoire publié parmi ceux de l'Académie, que la station habituelle des Mulettes d'eau douce est conforme à celle qu'ont adoptée les anatomistes. Ces observations, dont l'exactitude est journellement vérifiée par tout le monde, viennent contredire l'assertion de M. d'Orbigny, qui prétend que ces animaux s'enfoncent perpendiculairement ou très obliquement dans la vase. Depuis Réaumur, un assez grand nombre de naturalistes ont consigné dans leurs ouvrages des observations sur la manière de vivre des mollusques bivalves. Guettard, Adanson, Baster, Poli, doivent être mentionnés : ce dernier, surtout, ayant passé en revue presque tous les genres qui habitent dans la Méditerranée. Je ne dois point oublier les observateurs plus récents, tels que M. Fleuriau de Bellevue pour les coquilles perforantes, et MM. Quoy et Gaimard pour un grand nombre d'autres genres. Enfin, pour mentionner les travaux les plus importants sur cette matière, je ne dois point omettre non plus les observations de Sellius et de Massuet sur les Tarets, celles de MM. Porro et Caillaud sur les Clavagelles, celles de M. Ruppell sur l'Arrosoir de la mer Rouge. Non seulement tous les genres cités par M. d'Orbigny le sont aussi par les auteurs dont je viens de parler, mais de plus ceux-ci mentionnent les mœurs et les habitudes de plusieurs autres genres qu'il a négligés, tels que les Limes, les Houlettes, etc.

Maintenant il me reste à présenter des rectifications sur quelques faits allégués par M. d'Orbigny, et qui auront sans doute échappé à la précipitation de son travail. Il dit que les animaux des genres *Pholas, Lithodomus, Saxicava, Clavagella, Teredo,* etc., se maintiennent dans une position verticale, les tubes en haut, la bouche en bas. Je puis affirmer, pour l'avoir vu plusieurs fois, qu'un grand nombre d'espèces de Pholades, celles qui se logent dans les bois et les calcaires tendres, affectent toutes les positions imaginables. Je puis en dire autant pour les genres *Lithodomus, Saxicava, Petricola* et *Gastrochœna.* Ces animaux percent les pierres dans toutes les directions, et il suffit, pour s'en convaincre, d'assister, à Toulon ou à Marseille, à la rupture des pierres calcaires dans lesquelles on recherche avec empressement le Lithodome. Il suffit aussi d'examiner une de ces masses calcaires dans lesquelles ont pénétré les Saxicaves et les Gastrochènes, et on verra que tous ces animaux se tiennent également dans toutes les positions imaginables. Quant au genre Clavagelle, le Mémoire de M. Caillaud, ainsi que celui de M. Porro, dément ce que dit M. d'Orbigny; car M. Caillaud, par exemple, a représenté une Clavagelle qui s'est enfoncée horizontalement dans une masse calcaire et a fait faire à son tube une courbure à angle droit pour lui imprimer une direction verticale. Les Tarets, quoi qu'en dise M. d'Orbigny, suivent généralement la direction des fibres du bois dans lequel ils s'enfoncent. S'ils attaquent des pièces enfoncées verticalement, ils descendent dans cette direction; s'ils se logent dans des bois échoués, ils y pénètrent horizontalement ou dans toutes les directions. D'après M. d'Orbigny, les genres *Venus, Cardium, Tellina, Nucula, Pectunculus, Arca, Unio, Anodonta, Mactra, Donax* et *Cyclas,* se tiendraient dans une position verticale; mais je pense qu'il faut distinguer. Cette position est, en effet, verticale dans les Vénus, les Tellines, les Donaces, les Mactres, et peut-être les Nucules. J'exprime des doutes pour ce genre, parce que, l'ayant observé vivant, je ne l'ai pas vu chercher à s'enfoncer dans le sable sur lequel je l'avais posé. Quant aux Pétoncles et à celles des Arches qui n'ont point de byssus, non seulement ils n'ont point de tubes pour les diriger en haut, mais ils s'enfoncent dans le sable, en conservant les crochets en haut et un peu inclinés en avant. D'après les observations de Poupart d'un côté, celles de Pfeiffer d'un autre, et celles de M. Léonard Jenyns, les genres *Anodonta*, *Unio* et *Cyclas* ne se comporteraient pas comme le dit M. d'Orbigny; et comme les observations que je viens de mentionner s'accordent entre elles, quoique faites dans des pays différents et à diverses époques, il m'est permis de les adopter avec confiance et de les opposer à celles de l'auteur que je critique.

M. d'Orbigny prétend que les genres byssifères et les Vénéricardes se fixent au moyen de leur byssus, à peu près dans la même position que le font les Vénus; je puis affirmer, pour l'avoir observé un grand nombre de fois, que M. d'Orbigny, dans sa préoccupation géologique, s'est trompé. J'ai trouvé les Arches dans toutes les directions imaginables, fixées sur le même quartier de roche, en dessus ou en dessous, ou dans des positions plus ou moins obliques, la bouche indifféremment en haut ou en bas. Il y a, dans la Méditerranée, plusieurs espèces de ces Arches byssifères, et mes observations à ce sujet sont aussi multipliées que précises. Il existe, dans la même mer, une petite Cardite qui s'attache dans les anfractuosités des roches, à fleur d'eau, et je puis affirmer aussi l'avoir observée dans toutes les positions imaginables.

M. d'Orbigny parle aussi des coquilles bivalves non symétriques, et il les compare, pour leur manière d'être, aux poissons de la famille des Pleuronectes. M. d'Orbigny dit, ce qui est vrai, que les Peignes, par exemple, ceux qui ne sont pas byssifères, reposent horizontalement sur le sol et s'appuient sur leur grande valve. A cause de cette habitude, et sans faire attention que les Peignes byssifères ont toute l'irrégularité de station des Moules, M. d'Orbigny veut changer la nomenclature et nommer supérieure la valve plane, et intérieure la valve qui repose sur le sol. Cette innovation doit être d'autant plus rejetée que M. d'Orbigny lui-même lui fait subir une exception des plus notables pour plusieurs genres de mollusques dont la coquille est inéquivalve, tels que les Pandores et les Corbules, qui cependant s'enfoncent perpendiculairement dans le sable des rivages. Il est notoirement connu que les genres qui se fixent par un byssus se tiennent dans des positions fort différentes selon les espèces. Nous avons vu, par exemple, de nombreuses grappes du *Mytilus Afer* suspendues aux rochers, la bouche en haut; le *Mytilus Gallo-provincialis*, au contraire, forme des masses irrégulières d'individus attachés les uns aux autres dans toutes les directions ; et l'on sait que le genre *Pinna*, qui est si rapproché des Moules par ses caractères zoologiques, se tient constamment, le crochet en bas, dans une position verticale. Les groupes que nous avons examinés, appartenant aux genres Perne et Avicule, ne nous ont offert aucune direction constante dans la position des individus, tandis que les Crénatules et les Vulselles, qui s'enfoncent dans les éponges et n'ont point de byssus, s'y établissent et s'y entassent, le plus ordinairement le crochet dirigé en bas, et quelquefois aussi y sont disséminées dans toutes les directions. Si nous examinons maintenant les genres dont les coquilles s'attachent aux rochers par la substance même de leur têt, nous les voyons prendre toutes les directions, toutes les positions ; et il existe même un genre, celui des Éthéries, chez lequel la coquille est adhérente indifféremment par l'une ou l'autre valve. Dans ce cas, comment M. d'Orbigny distinguera-t-il la valve supérieure de l'inférieure ?

De toutes les observations que M d'Orbigny a faites, il conclut qu'il faut changer la méthode universellement adoptée, et représenter les mollusques et leur coquille dans la position où ils sont dans la nature, de manière que leurs mœurs mêmes soient exposées dans les livres. De tout ce qui précède, je tire une conséquence diamétralement opposée : c'est justement parce que j'observe une aussi grande diversité dans la station habituelle des mollusques que je trouve plus logique de les ramener tous à une position unique, assez souvent de convention, il est vrai, mais du moins éminemment utile, puisqu'elle permet la comparaison immédiate des parties semblables des mêmes êtres. J'ai la conviction que la méthode simple, préférée par les zoologistes, le sera aussi par tous les géologues, qui comprendront, je me le persuade, qu'il faut profiter de tout ce qui est bon dans une science. Ils savent d'ailleurs que la science zoologique est indépendante de la leur ; qu'elle est régie par d'autres principes ; qu'elle conduit à un autre but, puisqu'elle nous aide, d'une part, à reconnaître les créatures, à les classer dans la série des êtres, et, de l'autre, à recueillir dans ses archives tout ce qui a rapport à leurs mœurs et à leurs habitudes. Si, dans quelques circonstances, les géologues, par une observation plus complète du gisement des fossiles, sont en état d'éclairer certaines questions, le zoologiste peut, je pense, les en avertir et les diriger sans attaquer les principes de la science qui l'occupe et sans oublier non plus les travaux des naturalistes qui l'ont précédé. Il n'est pas juste, en effet, de leur ravir le mérite de nous avoir devancés dans le vaste champ de l'observation, que souvent ils ont si bien cultivé.

Dans la réponse qu'il a faite à la note qui précède, M. d'Orbigny semble abandonner ce que je regardais comme la partie principale de la discussion. Il ne s'agissait pas, dans ce débat, de savoir comment on doit représenter des animaux dans des planches, ou comment ils sont placés dans les collections ou dans les musées ; cela a si peu d'importance à mes yeux que je n'aurais pas pris la peine d'entamer une discussion pour un sujet ordinairement livré au caprice des peintres d'histoire naturelle, ou à celui des collecteurs ou des directeurs de collections. La question que j'ai débattue avec M. d'Orbigny a beaucoup plus de gravité, puisqu'il s'agit de savoir comment on doit considérer un animal, lorsqu'il est décrit dans son ensemble par le zoologiste, ou dans ses parties intimes, lorsqu'il entre dans le domaine de l'anatomiste. M. d'Orbigny, en s'écartant, pour ce qui concerne une portion des mollusques, des règles adoptées par les maîtres de la science, m'a forcé de rappeler ces principes universellement reçus, et je ne vois pas en quoi le rappel à ces principes ressemble à une leçon d'*anatomie élémentaire*, comme le dit M. d'Orbigny. La plus simple logique m'engageait à suivre cette marche; il fallait bien en effet rappeler les éléments de la zoologie et de l'anatomie, pour faire voir en quoi M. d'Orbigny s'en écarte dans la nouvelle théorie qu'il propose pour les mollusques.

M. d'Orbigny me reproche de restreindre ma discussion à la conchyliologie ; je l'ai fait avec intention, puisque c'était là que M. d'Orbigny lui-même avait placé la question. Je devais agir ainsi, par cette raison que, par une exception singulière, la conchyliologie était restée longtemps en dehors des principes qui régissent toutes les autres parties de la zoologie.

M. d'Orbigny oublie aussi que, pour établir sa nouvelle méthode, il est venu critiquer celle de ses prédécesseurs, et qu'il a regardé comme semblables les opinions de Linné et de Lamarck sur cette matière, et comme très différentes celles de M. de Blainville et les miennes. J'avoue que je n'aperçois pas en quoi des voyages plus ou moins longs peuvent intéresser une telle question ; il me semble qu'une étude approfondie des travaux de Linné et des autres zoologistes est infiniment préférable : aussi ne suivrai-je pas M. d'Orbigny dans les généralités où il se tient, parce qu'elles n'ont aucun rapport direct avec la question que

nous débattons. Je regretterai seulement que M. d'Orbigny,
comme il le dit lui-même dans sa réponse, ait l'habitude de trai-
ter les différentes parties des sciences avec brièveté, se réservant
les moyens de combattre les objections que cette brièveté même
peut lui susciter.

Je ne pousserai pas plus loin mes observations générales sur la
réponse de M. d'Orbigny. Ce naturaliste invoque en sa faveur le
témoignage de Cuvier et d'Adanson, et il prétend aussi que la
planche III des principes de M. de Blainville est contre mon opinion et favorise la sienne. Je me bornerai actuellement à examiner
ces trois points principaux, et je commencerai par ce qui est rela-
tif à la planche III du *Manuel de malacologie.*

Je prie instamment les personnes qui possèdent l'ouvrage
du savant professeur de se mettre sous les yeux la planche en
question, pour vérifier l'exactitude de ce que je vais en dire.
Dans ma première Note, j'ai avancé que, si les quatre figures
qui composent cette planche étaient dans la position où on les
voit, cela tenait à l'étroitesse du cadre qui n'avait pas permis
au graveur de leur donner une autre position. Je prouverai la
vérité de ce que j'avance par deux moyens incontestables : la
figure 2 représente la coquille vue par le dos, dans son diamètre
antéro postérieur ; les figures 1 et 3 représentent les valves de
la même coquille placées horizontalement. Mais si l'on fait attention à la manière dont ces figures sont ombrées, on s'aperçoit qu'elles le sont à contre sens, dans la position où elles sont
dans la planche ; tandis que si on les place de la même manière
que la figure 2, on voit sur-le-champ qu'elles ont été dessinées
dans cette position, et il devient évident alors que le graveur, en
donnant à ces figures une nouvelle position, n'a pas changé la
manière dont elles sont ombrées, lorsqu'elles étaient dans une
position différente. Il devient évident, aussi, que les figures 1
et 3 ont été destinées à être placées de la même manière que la
figure 2. Mais on est confirmé dans cette opinion par l'exactitude
scrupuleuse avec laquelle M. de Blainville a désigné les diverses
parties de la coquille. La figure 1 représente la valve gauche vue
en dehors ; la figure 3 la valve droite vue en dedans, et l'on remarquera que, dans les trois figures dont il est question, il y a,
du même côté, un A, et du côté opposé un P, et en lisant la légende qui est au bas de la planche, on y trouvera que A veut dire
extrémité antérieure ou orale de la coquille, et P l'extrémité
postérieure ou anale ; D veut dire valve droite, et G valve gauche.
Si M. d'Orbigny a lu cette légende et a fait attention à ce que je

viens de rappeler sur la manière dont les figures sont ombrées, comment a-t-il pu se méprendre au point de soutenir, dans sa réponse, que M. de Blainville place la coquille horizontalement, et non dans son diamètre antéro-postérieur? Comment M. d'Orbigny peut-il soutenir encore que ma manière de placer la coquille diffère de celle de M. de Blainville, et annoncer par là que je me trompe moi-même sur mes propres opinions?

Pour justifier sa nouvelle manière de placer les mollusques bivalves, M. d'Orbigny me renvoie à sa *Paléontologie française*, dans laquelle il a présenté une terminologie qu'il dit propre à remplacer de la manière la plus avantageuse les dénominations vagues et fautives, selon lui, employées avant la publication de son ouvrage. Je ferai remarquer d'abord à M. d'Orbigny que les dénominations qu'il emploie, de *côté buccal*, de *côté anal*, etc., ont été employées longtemps avant lui, et par M. de Blainville lui-même, dans la planche du *Manuel de malacologie* que nous venons de citer, et je demanderai en outre à M. d'Orbigny ce qu'il y a de vague et de fautif dans des désignations aussi simples que : *côté antérieur*, *côté postérieur*, *valve gauche*, *valve droite*, dans des corps qui sont susceptibles de ces divisions d'une manière nette et facile; et j'avoue que je n'aperçois pas ce que la science peut gagner à la substitution de *côté buccal* ou *côté anal* aux dénominations de *côté antérieur* ou *côté postérieur*. Je crois au contraire que, pour tout le monde, pour les personnes instruites, autant que pour celles qui cherchent l'instruction dans les livres, l'uniformité et la simplicité du langage scientifique ont une grande importance, puisque cela tend à abréger le travail et à en diminuer l'aridité.

Aux yeux de plusieurs personnes, M. d'Orbigny aurait eu raison, s'il eût voulu ramener l'étude de tous les mollusques à une loi universelle qui serait différente, il est vrai, de celle qui est actuellement en pratique pour le reste de la zoologie, mais qui du moins aurait le grand avantage de saisir tous ces animaux dans leurs habitudes et de les décrire, sans exception, dans les attitudes qui leur sont familières et qui résultent chez eux de leur organisation. La manière dont je présente cette objection ne lui ôte rien de sa force; et si M. d'Orbigny lui-même veut la formuler dans d'autres termes, j'accepterai avec plaisir la discussion, car je suis persuadé d'avance que je pourrai le combattre victorieusement.

Personne ne pourra soutenir que des animaux libres et rampant, tantôt sur des plantes, tantôt à la surface de roches diversement accidentées, ont une station qui leur est propre; pour peu qu'ils soient rassemblés en certain nombre dans un petit espace, on verra ces animaux dans toutes les positions imaginables. Un entomologiste n'a jamais cherché à déterminer la station des insectes qui marchent sur tous les plans, dans toutes les directions, et je crois que cette recherche n'est pas plus possible pour eux que pour les mollusques. Il faut donc mettre en dehors de la question tous les animaux de cette classe qui vivent librement, soit qu'ils rampent sur les surfaces solides, soit qu'ils nagent dans les eaux. Pour les representer dans les ouvrages, il faut, de toute nécessité, imposer à toute cette longue série de mollusques une position systématique, et M. d'Orbigny lui-même n'a pu se soustraire à cette manière de faire dans les divers ouvrages qu'il a publiés. Je dois ajouter que cette portion des mollusques libres, à coquilles univalves simples ou multiloculaires, constitue plus des deux tiers des genres connus dans la classe des mollusques ; il reste donc les mollusques bivalves, et c'est pour ceux-là spécialement que M. d'Orbigny voudrait changer la nomenclature. Comme on le voit, cette réforme n'aurait donc pas le caractère d'universalité qu'on lui suppose, et que l'on exige d'elle pour entraîner toutes les adhésions ; mais elle le pèrdra bien plus lorsqu'il sera bien constaté, d'après les observations de M. d'Orbigny lui-même, que la plupart des genres des mollusques bivalves se soustraient aux règles qu'il a posées. Ces règles ne leur sont point applicables à cause de la station tout-à-fait irrégulière qu'ils affectent, surtout pour ceux des genres qui s'attachent aux corps ambiants, ou qui pénètrent dans leur épaisseur. Les genres dont je parle sont nombreux et constituent plus de la moitié de la classe des mollusques bivalves. Ainsi les principes que propose M. d'Orbigny ne trouvent leur application que dans un très petit nombre de genres qui, par leur manière de vivre, ne sont qu'une très petite exception dans la classe entière des mollusques. Enfin si nous voulons compter les genres, nous verrons que sur plus de quatre cents qui sont actuellement connus dans la classe entière des mollusques, il y en a tout au plus une quarantaine auxquels on pourrait appliquer les nouvelles méthodes de M. d'Orbigny.

Comme je l'ai dit, et comme je le répète, aussitôt que vous êtes obligé de soumettre un certain nombre d'animaux à une position artificielle pour les décrire et les comparer, il faut, de toute nécessité, que tout soit soumis à cette règle inflexible, puisque, par le fait, et comme je viens de le démontrer, la règle se trouverait faite pour une insignifiante exception. J'ai donc eu raison d'insister, dans la séance du 4 décembre, sur l'application

rigoureuse à la classe entière des mollusques des principes qui, jusqu'à présent, ont dirigé l'anatomie et la zoologie dans toutes leurs
parties : et encore une fois honneur à Cuvier et à M. de Blainville
d'avoir provoqué et d'avoir assuré une réforme éminemment
utile, en faisant rentrer les mollusques sous les lois communes à
toutes les autres parties de la zoologie. Grâce à M. de Blainville
surtout, le langage conchyliologique a pris un degré de netteté
et de précision qui l'a rendu universel, parce qu'il a été compris de la même manière par tous ceux qui le parlent.

Je crois devoir encore ajouter à ce qui précède que, quand bien
même, et sans exception, tous les mollusques auraient l'habitude de vivre la tête en bas, ce ne serait peut-être pas un motif
suffisant pour les soustraire aux règles qui régissent toutes les
autres parties de la zoologie ; car, dans ce cas, les mollusques ne
seraient qu'une exception peu importante au milieu du règne
animal, et il faudrait les ramener à une position de convention
pour en faire l'anatomie comparée et la description.

M. d'Orbigny a invoqué en faveur de son opinion les travaux
de Cuvier, et surtout ceux d'Adanson : la mémoire de M. d'Orbigny l'a malheureusement servi ; jamais Cuvier n'a fait défaut
aux principes que j'ai défendus, j'en appelle à tous ceux qui ont
lu les travaux de l'illustre anatomiste, et qui l'ont entendu, lorsque.
du haut de sa chaire, il a répandu avec éclat dans toute l'Europe
les principes fondamentaux de l'anatomie comparée.

Je ne viendrai pas fastidieusement rechercher, pour les citer,
tous les passages des ouvrages de Cuvier dans lesquels on recon-
naît qu'il s'est scrupuleusement soumis aux principes que j'ai
précédemment exposés ; il me suffira de mentionner son Tableau
élémentaire de zoologie, premier travail important qu'il a publié,
pour démontrer que, dès l'origine, notre grand zoologiste avait
adopté les principes professés par les anatomistes ses prédécesseurs.
Dans le petit nombre de planches qui accompagnent cet ouvrage,
il y en a une consacrée aux mollusques, où l'on voit que tous ces
animaux sont ramenés à la position de convention adoptée par les
zoologistes.

Si j'examine actuellement tous les beaux Mémoires de Cuvier
sur les mollusques, je trouve toutes ses descriptions uniformément
faites d'après les principes des anatomistes. Je remarque également que presque toutes les figures sont représentées dans une
position conforme aux descriptions. Il y a quelques exceptions,
sans doute, mais on en devine facilement les motifs ; dans le plus
grand nombre de ces exceptions, les animaux n'ont pas été repré-

sentés dans la position ordinaire pour pouvoir en placer davantage sur une même planche. Si, dans d'autres figures, Cuvier a donné aux animaux des positions diverses, il l'a fait dans cette intention de montrer plus complétement des parties que l'on eût moins bien vues en leur donnant une position différente.

Lorsqu'on parcourt les planches d'Adanson, il semble qu'en effet ce naturaliste éminemment méthodique soit favorable à la manière de voir de M. d'Orbigny; cependant il y a ceci à remarquer : toutes les coquilles bivalves, quelle que soit d'ailleurs leur station normale dans la nature, sont représentées dans une seule position ; toutes sont dirigées le côté antérieur vers le bas des planches. Ainsi beaucoup des espèces figurées par Adanson se trouvent dans une position artificielle, et en cela il est conséquent avec la méthode qu'il a adoptee et appliquée à toute la classe des mollusques. Si les coquilles bivalves figurées par Adanson ne sont pas dans une position diamétralement opposée, cela s'explique, et, pour s'en rendre compte, il faut avoir recours aux généralités que l'on trouve au commencement de l'ouvrage. Voici à quoi cet examen conduit.

Adanson nommait *trachée*, dans les mollusques univalves, le canal charnu cylindrique, plus ou moins long, que l'animal fait saillir par l'échancrure, ou le canal antérieur de sa coquille; ce canal charnu est une dépendance du manteau, et il a pour usage, comme on le sait, de favoriser l'accès de l'eau sur l'appareil branchial. Adanson, comparant à cet organe les siphons des mollusques bivalves, imposa à ceux-ci ce même nom de *trachée;* il crut que dans les mollusques bivalves, les trachées avaient le même usage que dans les mollusques univalves, et occupaient la même position relativement au reste de l'animal. Ainsi Adanson considérait comme antérieure la trachée chez tous les mollusques, et, en conséquence, pour lui, la bouche des bivalves est située à la partie inférieure de l'animal. Adanson était tellement imbu de cette idée, qu'il prend le siphon anal d'un mollusque bivalve pour le conduit par lequel il prend sa nourriture, et fait remarquer cette singularité, que l'anus débouche toujours dans ce canal alimentaire. Il est évident pour moi qu'Adanson s'est laissé dévier des principes qu'il a rigoureusement suivis dans le reste de son ouvrage, par l'application vicieuse d'un même mot à des organes dont les usages, la structure et la position n'ont pas la moindre analogie, chez des animaux dont les différences sont, au reste, assez profondes pour mériter de former deux classes distinctes dans les méthodes. Il est évident que, par suite de cette

erreur, Adanson prenait pour antérieures les parties des mollusques
bivalves qui sont réellement les postérieures ; et lorsque je vois
qu'Adanson place systématiquement tous les mollusques dans la
position artificielle prescrite par les anatomistes, je suis autorisé
à soutenir qu'il n'aurait pas manqué de représenter toutes les
coquilles bivalves dans une position absolument inverse. Ainsi,
comme on le voit, je fais encore tourner contre M. d'Orbigny
le témoignage du célèbre auteur de l'*Histoire des coquillages du
Sénégal ;* car s'il place dans ses planches la plupart des coquilles
bivalves dans une position conforme aux idées de M. d'Orbigny,
ce n'est pas pour faire connaître leur manière de vivre, mais bien
pour les soumettre à une même position systématique ; et je dois
ajouter que si cette position n'est pas conforme à celle de M. de
Blainville, cela provient de l'erreur que j'ai signalée.

Je pense que la conclusion la plus simple et la meilleure pour
la partie de cette discussion à laquelle j'attache le plus d'importance, doit consister à mettre en regard des paragraphes de
M. d'Orbigny copiés textuellement dans sa Note du mois de mars,
les textes des auteurs qui s'y trouvent mentionnés. On verra par
là que, dans ma défense et dans ma critique, je me suis appuyé
sur des opinions bien connues, et je démontrerai que M. d'Orbigny les a pour le moins mal interprétées. Mon but, dans tout
ceci, est de défendre les principes sur lesquels la science repose ;
ces principes attaqués par M. d'Orbigny doivent être maintenus
dans leur intégrité, et leur application à la conchyliologie, si
heureusement faite par M. de Blainville, a eu pour cette science
de trop précieux résultats pour qu'on les abandonne aujourd'hui.

1er *et* 2e *paragraphe de M. d'Orbigny* (*Bull.*, t. XIV, p. 293).

« Après tout ce qu'on a écrit sur la position d'une bivalve, on
» pourrait croire que les savants sont d'accord sur ce point impor-
» tant de la science ; il n'en est pourtant pas ainsi, et l'examen
» auquel je vais me livrer des diverses méthodes employées ne le
» prouvera que trop.

» Linné, Bruguière, Lamarck et Bosc ont appelé base (*basi*) (*sic*)
» le côté du ligament. Pour eux, la partie bâillante de la valve est
» en haut : c'est le côté supérieur ; etc. »

Comme nous l'avons dit précédemment, Linné donne la définition des termes propres à désigner les diverses parties des coquilles bivalves, à la page 1129 de la 12e édition du *Systema naturæ* (Holmiæ, 1767). Nous transcrivons ici cette description.

« Venerem filiam dionis sive concha maris natam finxere poetæ,
» hujus typus præcipue determinabit concharum partium meta-
» phoricam denominationem.

» Testa bivalvis, æquivalvis, semicordata, rotundata, sub-
» incarnata, postice anticeque magis gibba, umbonibus undique
» exaratis *striis* transversis, distantibus, parallelis, marginatis,
» subrecurvatis, æqualibus : exterioribus obtusioribus : posterius
» alternis altioribus acutioribusque, alternisque abbreviatis mi-
» noribus. *Intus* lævis, alba, sub umbonibus fornicata. *Cardo*
» sinistræ tridentatus : dentibus approximatis, scrobiculo distinc-
» tis : denticulo intermedio compresso, angustiore : lateralibus
» divergentibus, crassiusculis, obtusis. *Dextræ* cardo denticulis
» duobus, approximatis, compressis inter scrobiculos duos. *Margo*
» ambitus obtusissimus, integerrimus. *Nates* recurvatæ, obtu-
» siusculæ, apice glabræ. *Anus* impressus, ovatus, lævis, incar-
» natus. Antice pubes ciliaris, utrinque, e natibus ad summum
» montis veneris, cingens vulvam spinis e striis alternis tertiisve
» testæ ortis, subulatis, depressis, ascendentibus, antrorsum
» arcuatis, subtus canaliculatis, superioribus sensim longioribus :
» longissimis longitudine ipsius rimæ, etc. »

On remarquera que Linné, en parlant du corselet, dit : *Antice
pubes ciliaris;* il mettait donc le corselet en avant, tandis que Lamarck, comme nous allons le voir, le met en arrière.

Dans les généralités relatives aux conchifères, Lamarck, dans
son *Histoire des animaux sans vertèbres* (tom. V, pag. 421 de la
1ʳᵉ édition), renvoie, pour tout ce qui concerne la définition des
mots conchyliologiques, aux mots Conchifères, Conchyliologie et
Coquille, qu'il a publiés dans la dernière édition du *Dictionnaire*
de Déterville. En consultant ces articles, je n'ai rien trouvé qui
ait rapport à la position que donne Lamarck à la coquille bivalve
pour la décrire ; mais pour prouver que cette position est diamétralement opposée à celle de Linné, je transcris ici les caractères
génériques du genre *Pholade :* « Animal habitant une coquille
» bivalve, dépourvu de fourreau tubuleux, faisant saillir *anté-*
» *rieurement* deux tubes réunis, souvent entourés d'une peau com-
» mune, et *postérieurement* faisant sortir un pied ou un muscle
» court, très épais, aplati à son extrémité. — Coquille bivalve,
» équivalve, transverse, bâillante de chaque côté, ayant des
» pièces accessoires diverses, soit sur la charnière, soit au-des-
» sous ; bord inférieur ou postérieur des valves recourbé en
» dehors. » (Lam., *Anim. sans vert.*, tom. V, pag. 442.)

Dans cette phrase caractéristique, le bord supérieur des valves

n'est pas désigné d'une manière précise; mais à l'article *Arche*
(tom. VI du même ouvrage, pag. 35), on trouve ces mots dans
le troisième paragraphe des observations : « Lorsqu'on les ren-
» verse (les Arches) et qu'on les pose sur leur bord *supérieur*, elles
» présentent l'aspect d'un navire, surtout les espèces qui sont les
» plus allongées transversalement, ce qui leur a valu le nom qu'elles
» portent. Ces coquilles sont souvent bâillantes à leur bord *supé-*
» *rieur*, parce que l'animal fait sortir par cette ouverture des fils
» tendineux qui l'attachent aux rochers. » Il est donc évident que
Lamarck place la coquille sur les crochets de la même manière
que Linné ; mais, contrairement à la manière de Linné, il donne
comme antérieur le côté postérieur de celui-ci, et réciproquement.

3e et 4e paragraphe de M. d'Orbigny (*Bull.*, t. XIV, p. 293 et 294).

   « M. de Blainville considère une bivalve dans une position dia-
» métralement opposée à la position adoptée par les auteurs cités.
» Ainsi, le côté supérieur pour Lamarck devient le côté inférieur
» pour M. de Blainville, etc.
   » M. Deshayes ne suit ni l'une ni l'autre de ces méthodes : il
» renverse tout-à-fait une coquille, de manière à placer le côté
» des tubes en bas et le côté de la bouche en haut. Pour lui, le
» côté de la bouche est antérieur, le côté des tubes est postérieur ;
» la longueur est, du reste, la même que pour M. de Blainville. »
   Voici ce que l'on trouve à la page 390 du *Traité de malacologie :*
« Au reste, la question de savoir quelle est la valve droite ou
» gauche dans les coquilles équivalves est toujours facile, parce
» que le *sommet étant constamment supérieur* et le ligament en
» *arrière*, fournissent un point de départ invariable. »
   En consultant mon Traité élémentaire, voici ce qu'on lira à la
page 338 de l'introduction : « 3° *Les bords des valves. —* On les
» distingue en conservant à la coquille la position normale dans
» laquelle nous avons jusqu'à présent examiné ses diverses parties.
» Lorsque l'on prend le bord dans toute la circonférence de la
» coquille, on nomme ce bord, ainsi envisagé d'une manière gé-
» nérale, le *contour* de la coquille. Si l'on vient à diviser ce
» contour, en rapportant ses quatre parties principales aux divers
» plans dont nous supposons la coquille entourée, on aura un
» bord antérieur, un bord postérieur, un bord inférieur et un
» bord supérieur. L'étendue de ces bords est très variable, et dé-
» pend entièrement de la forme de la coquille et de la position de
» ses crochets. A cet égard, l'inspection d'une collection de co-

» quilles apprendra beaucoup plus que nous ne pourrions le faire
» par les plus minutieux détails. Nous dirons seulement que le
» bord antérieur correspond à la tête de l'animal, le postérieur à
» son extrémité postérieure, l'inférieur à sa partie ventrale, et le
» supérieur à son dos. »

Je ne puis pas, je pense, donner de meilleures preuves
de l'erreur de M. d'Orbigny, que les citations qui précèdent. Il
devient désormais évident pour tout le monde, et contrairement à
l'opinion de l'auteur que je critique, que Linné et Lamarck
posaient la coquille dans des sens diamétralement opposés, tandis
qu'il résulte des mêmes citations que j'ai adopté sans aucun changement la méthode de M. de Blainville. Il devient évident par là
que je ne place pas la coquille sous un angle de 180°, *ou renversée de*
manière à placer en bas ce qui, dans la station normale, est en haut,
absolument comme un homme qu'on mettrait les pieds en l'air.
(D'Orbigny, *loco citato*, p. 294.)

Je ne terminerai pas ces citations sans rapporter encore textuellement l'opinion de Cuvier, sur laquelle M. d'Orbigny a
cherché à s'appuyer. Je lis à la page 149 du tome III de la
seconde édition du *Règne animal*, à l'article *Vénus* : « Le liga-
» ment laisse souvent *en arrière* des sommets une impression ellip-
» tique à laquelle on a donné le nom de vulve ou de corselet,
» et il y a presque toujours *en avant* de ces mêmes sommets une
» impression ovale qu'on a nommée anus ou lunule. »

A cette phrase caractéristique est jointe, au bas de la page, la
note suivante : « Ce sont probablement ces noms bizarres de vulve
» et d'anus qui ont fait appeler *antérieur* l'extrémité de la coquille,
» où répond le véritable anus de l'animal, et *postérieur* celle où
» est située la bouche ; nous avons rendu à ces extrémités leurs
» vraies dénominations. Il faut se souvenir que le ligament est
» toujours du côté postérieur des sommets. »